LES

ANIMAUX DOMESTIQUES

ET LES OISEAUX.

4e SÉRIE IN-18.

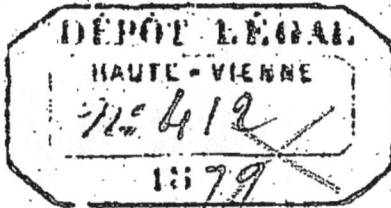

LES
ANIMAUX DOMESTIQUES
ET
LES OISEAUX
SUIVI D'UTILES LEÇONS PRATIQUES

PAR P. VIDAL

INSTITUTEUR A MONTBEL (ARIÉGE),

Membre et Lauréat de plusieurs Sociétés d'agriculture de France & de
l'Étranger, ainsi que de la Société protectrice des
animaux, de Paris.

> Supprimez les animaux domestiques et
> détruisez les oiseaux, vous verrez ce que
> deviendra l'agriculture. — Abandonnez ou
> négligez l'agriculture, et vous verrez quelle
> sera la condition des peuples et des gouver-
> nements : Vous n'aurez partout que trouble,
> misère et détresse. (P V.)

LIMOGES
EUGÈNE ARDANT ET Cie, ÉDITEURS.

Eugène Ardant et Cⁱᵉ

NOTA.

—

Cet Ouvrage a été approuvé par la Commission des Bibliothèques scolaires et des Livres de Prix.

LES

ANIMAUX DOMESTIQUES

ET LES OISEAUX.

—◦—◇◇◇—◦—

UTILITÉ DES ANIMAUX DOMESTIQUES

ET DES OISEAUX INSECTIVORES.

———

Les services que rendent à l'homme les animaux domestiques et les oiseaux sont très divers et malheureusement trop peu appréciés. Les premiers servent à le nourrir et à l'habiller; ils lui fournissent la chaussure, la coiffure, et partagent ses pénibles labeurs. Les seconds ne vivent aussi que pour concourir à assurer son bien-être : leurs besoins les obligent à travailler sans cesse à la conservation de nos récoltes par la destruction de nombreux insectes dont ils se nourrissent, et dont la multiplication serait le plus grand fléau de l'agriculture, sans eux, le pays serait constamment menacé de l'affreuse plaie qui désola les plaines et toutes les campagnes d'Egypte, pour vaincre l'obstination du roi Pharaon, lorsqu'il s'opposait au départ des Israélites pour le désert.

Ces considérations générales nous décèlent déjà une volonté divine et nous font comprendre le but de notre Créateur, de celui qui a fait toutes choses. Mais entrons dans l'énumération de quelques-uns des services rendus à la société et à l'agriculture par les utiles ou indispensables auxiliaires dont il s'agit, en commençant par les animaux domestiques.

ANIMAUX DOMESTIQUES.

Ces animaux, chacun le sait et le mot le dit, sont ceux qui sont au service de l'homme et qui pourvoient par leur travail, leurs produits et leurs dépouilles, à nos besoins les plus impérieux. Les plus utiles ou les plus répandus sont : le bœuf, le cheval, le mouton, le chien, le chat — avec leurs congénères — et tous les oiseaux de basse-cour.

BŒUF.

De tous les animaux domestiques, le bœuf est celui, sans contredit, dont l'homme retire

le plus de services ; il est celui qui l'aide le plus
efficacement dans l'accomplissement de la tâche
que la Providence a imposée au genre humain,
la fécondation et l'embellissement de la terre.
Sans le bœuf, pauvres et riches auraient bien
de la peine à vivre, le sol demeurerait inculte,
les champs seraient stériles et improductifs ;
c'est sur lui que roulent tous les travaux de la
campagne ; il est le domestique le plus utile de
la ferme, le principal soutien du ménage cham-
pêtre ; en un mot, il fait toute la force de l'a-
griculture, et, partout, une des principales
bases de la prospérité d'un pays.

Le produit de la vache est un bien qui croît
et se renouvelle à chaque instant. La chair du
veau est une nourriture aussi saine qu'abon-
dante ; le lait, le fromage sont autant d'aliments
précieux pour les habitants des villes comme
pour ceux des campagnes. Que de familles dont
la vache est l'unique ressource !

Utile dans toutes les circonstances de la vie,
le bœuf donne, après sa mort, des produits
importants : sa chair, qui fait dans certaines
contrées ou sur certains points, et qui devrait
faire partout la principale nourriture de
l'homme ; sa graisse, sa peau, ses cornes, ses
sabots, ses os, son sang, etc., dont on connaît
les usages si variés.

CHEVAL.

Rien ne saurait peindre le caractère du cheval comme le passage suivant, emprunté à Buffon. « La plus noble conquête que l'homme ait jamais faite, dit l'illustre naturaliste, est celle de ce fier et fougueux animal qui partage avec lui les fatigues de la guerre et la gloire des combats. Aussi intrépide que son maître, le cheval voit le péril et l'affronte; il se fait au bruit des armes, il l'aime, le cherche, et s'anime de la même ardeur.

Il partage aussi ses plaisirs : à la chasse, aux tournois, à la course, il brille, il étincelle, mais docile autant que courageux, il ne se laisse point emporter à son feu; il sait réprimer ses mouvements. Non-seulement il fléchit sous la main de celui qui le guide, mais il semble consulter ses désirs, et, obéissant toujours aux impressions qu'il en reçoit, il se précipite, se modère ou s'arrête. C'est une créature qui renonce à son être pour n'exister que par la volonté d'un autre, qui sait même la prévenir; qui, par la promptitude et la précision de ses mouvements, l'exprime et l'exécute ; qui sent autant qu'on le désire et ne rend qu'autant qu'on veut; qui, se livrant sans réserve, ne se refuse à rien, sert de toutes ses forces, s'excède et même meurt pour mieux obéir. »

Voilà le cheval dont les talents sont développés, dont l'art a perfectionné les qualités naturelles, qui dès le premier âge, a été soigné, ensuite exercé et dressé au service de l'homme. Songez à tous les usages qu'en fait l'agriculture durant sa vie, et l'industrie, après sa mort, et vous aurez une idée de l'utilité, de l'importance de ses services.

CHIEN.

Le premier, le plus utile auxiliaire que l'homme ait emprunté aux animaux pour l'aider dans la conquête de la terre, c'est le chien. Ici encore, laissons parler nos maîtres. « Indépendamment de la beauté de ses formes, de la vivacité, de la force, de la légèreté, cet animal a, par excellence, toutes les qualités intérieures qui pouvaient attirer les regards de l'homme. Un naturel ardent, colère, même féroce et sanguinaire, rend le chien sauvage redoutable à tous les animaux et cède, dans le chien domestique, aux sentiments les plus doux, au plaisir de s'attacher et au désir de plaire; il vient en rampant mettre aux pieds de son maître son courage, sa force, ses talents; il attend ses ordres pour en faire usage. Il le consulte, il l'interroge, il le supplie; un coup d'œil suffit, il attend les signes de sa volonté. Sans avoir comme l'homme la lumière de la pensée, il a toute la chaleur du sentiment, il a de plus que lui la fidélité, la constance dans ses affections. Plus sensible au souvenir des bienfaits qu'à celui des outrages, il ne se rebute pas par les mauvais traitements : il les subit, les oublie, ou ne s'en souvient que pour s'attacher davantage. »

Il y a un grand nombre de variétés ou d'espèces de chiens, qui se distinguent par des instincts particuliers plus ou moins développés. Le chien de berger paraît en être la tige : son instinct semble supérieur à celui de ses congénères. L'homme a développé par l'éducation les qualités propres à chaque espèce. C'est principalement à la garde des troupeaux, des habitations et à la chasse qu'on les emploie le plus utilement.

Mais, parmi toutes les espèces, le chien du

mont Saint-Bernard et celui de Terre-Neuve méritent surtout les soins, l'affection et la reconnaissance de l'homme.

CHIEN DU MONT SAINT-BERNARD.

Ce chien, que l'on ne trouve guère ailleurs que sous les sapins du Valais et dans le pays des neiges, est d'une grandeur extraordinaire. Il n'est pas brutal, il est au contraire fort doux. Sa physionomie annonce la force et la bonté, et lorsqu'on le rencontre dans ce pays glacial, fatal à tant de voyageurs, il semble en harmonie avec l'aspect grandiose de ces lieux. C'est son instinct surtout qui excite l'admiration : rien n'est plus merveilleux et plus touchant que la manière dont ce généreux animal exécute la tâche qu'il est destiné à remplir.

Dès le point du jour, et après avoir été muni d'un panier où l'on renferme du pain et du vin, il quitte l'Hospice et va explorer les abords de la montagne, pour découvrir si quelque voyageur ne s'est point égaré pendant la nuit. Il tient tous ses sens éveillés et attentifs.

Si dans ce désert glacé, il entend un mur-

mure plaintif, sa voix répond pour annoncer la délivrance, et il s'élance dans la direction du son. A-t-il découvert un infortuné, il le réchauffe par le contact de ses membres, met à sa portée ses provisions ; il l'aide même à se relever. Mais si ses efforts sont insuffisants, il crie pour appeler à lui les religieux ; si le secours n'arrive pas, après avoir pourvu autant qu'il est en lui à la sûreté de son protégé, il part de toute sa vitesse pour le sommet de la montagne, et revient bientôt après ramenant quelque religieux à sa suite.

Le fait suivant, pris au hasard entre tant d'autres épisodes semblables, achèvera de nous révéler tous les titres de ce généreux animal à la reconnaissance de l'homme.

Un de ces chiens en faisant sa ronde, rencontra un jour un petit garçon âgé de six ans environ ; sa mère était tombée dans un abîme sans qu'il fût possible de la sauver. Saisi par le froid, épuisé de fatigue, le pauvre petit était couché au milieu de la neige et poussait des gémissements plaintifs. Le chien accourt vers lui, et, levant la tête, il lui montre la provision qu'il tient à son cou. Ne comprenant rien à la

nature de cette offre, l'enfant tressaille de
frayeur et veut s'éloigner. L'animal, afin de
l'enhardir, lève doucement la patte, la pose sur
ses petits pieds, et lèche ses mains engourdies
par le froid.

L'enfant, rassuré par ces démonstrations pa-
cifiques et amicales, fait un effort pour se relever ; mais ses jambes, ses bras, tout son
corps, sont si glacés, qu'il ne peut marcher.
Compatissant à sa faiblesse, le bon animal s'ap-
proche tout près de lui, et, par un signe ex-
pressif, lui fait comprendre de se mettre sur
son dos. L'enfant s'y place, en effet, le mieux
qu'il lui est possible, et s'y tient courbé en
deux. Le chien le porte ainsi avec son habi-
leté ordinaire et avec une grande précaution
jusqu'à l'Hospice, où l'attendent les soins les
plus empressés. Un homme riche et généreux,
touché de cet événement, se chargea du petit
orphelin.

CHIEN DE TERRE-NEUVE.

Celui-ci semble avoir été créé avec la mis-
sion spéciale de garantir l'espèce humaine con-

tre les dangers des flots. Convenablement
dressé, il remplit sa tâche avec un dévouement
et une intelligence sans bornes, comme s'il se
jugeait toujours de service, comme si la pensée
de son devoir lui était toujours présente ; il sur-
veille sans relâche le cours des eaux, et, de son
propre mouvement, il s'y précipite, dès qu'il
aperçoit quelque chose qu'il croit devoir en
retirer.

Voici un exemple qui résume tout ce qu'on
pourrait dire à la louange des chiens de Terre-
Neuve.

Deux enfants de huit à dix ans s'amusaient
à faire sur la surface d'un canal, à Londres, les
plus beaux ricochets du monde ; l'un d'eux se
penche trop vers l'eau et glisse ; l'autre veut le
retirer, il est entraîné, et tous deux disparais-
sent sous les flots. La foule rassemblée contem-
plait les efforts désespérés des victimes, qui,
de temps en temps, remontaient à la surface ;
mais comme le canal était profond, et qu'il ne
se trouvait aucun bateau dans le voisinage, les
deux enfants étaient dans le plus grand péril,
lorsque vint un chien de Terre-Neuve, attiré
par le tumulte. A peine a-t-il vu ce qui se
passe, qu'il se précipite dans l'eau ; il reparaît
bientôt, tenant un des enfants par ses vête-

ments, mais l'enfant échappe ; le chien replonge de nouveau, et cette fois le saisissant avec plus de force, il nage vers le bord. Arrivé à la portée des assistants, il leur tend pour ainsi dire son fardeau en levant la tête ; puis, dès qu'il l'a vu en sûreté entre les mains des spectateurs, il nage vers le lieu où avait disparu l'autre enfant, et il plonge pour le chercher. Ce premier effort est vain et il est forcé de remonter à la surface de l'eau pour respirer, sans avoir pu trouver l'enfant ; il ne se décourage pas cependant, il replonge de nouveau et revient triomphant en tenant à la gueule celui qu'il venait d'arracher à une mort certaine. Dès qu'il est arrivé sur la terre avec son fardeau, il le dépose, et, comprenant que son rôle est terminé, il s'éloigne après avoir secoué ses longues soies humides, comme s'il voulait se dérober aux applaudissements bruyants de la foule.

BREBIS, CHÈVRE, POULE, CHAT, OIES, CANARDS, PIGEONS, ETC.

Un des animaux les plus précieux pour l'homme, c'est la brebis ; c'est celui dont l'utilité est la plus immédiate et la plus étendue; seul, il peut suffire aux besoins de première nécessité. Elle nous donne son lait, qui est assez agréable; sa chair, que nous mangeons comme celle de l'agneau et du mouton, enfin sa laine, que nous filons et dont nous faisons des vêtements : pantalons, caleçons, manteaux et diverses autres étoffes pour nous garantir du froid de l'hiver.

N'oublions pas non plus la chèvre, cette vache du pauvre, dont la chair se mange sans répugnance et dont les poils servent à la fabrication d'étoffes bonnes et jolies; le coq, dont le chant matinal invite l'homme au travail et annonce aux paresseux que le temps du sommeil est passé; la poule, qui nous fournit sa chair et ses œufs; le chat même, cet ennemi implacable des rats et des souris, hôtes importuns qui, sans lui, infesteraient nos maisons, rongeraient nos provisions et notre linge; l'oie, le canard, le pigeon nous fournissent, entre autres produits précieux, le duvet moelleux sur lequel nous nous reposons avec délices et enfin les plumes qui nous servent pour écrire.

Il est inutile de pousser plus loin ces citations : si on passait en revue tous les animaux domestiques, on verrait qu'ils rendent tous

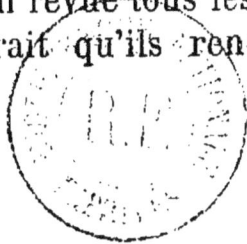

d'importants services et que leur créatio 1 est **un** des plus précieux dons que Dieu, dans sa bonté et sa sagesse infinies, ait départis au genre humain.

Les nombreux usages que nous faisons, **les** services que nous recevons des animaux domestiques peuvent être méconnus, mais non ignorés de personne. Tout le monde sait, en effet, — on vient de le voir d'ailleurs dans ce qui précède, — que ce sont nos auxiliaires indispensables pour les principaux travaux de la terre ; on sait aussi de quels secours ils nous sont pour la commodité de nos voyages comme pour la facilité des transports de tous nos produits ; on sait qu'ils nous fournissent nos meilleurs aliments et la matière première pour la fabrication de nos chaussures et de nos vêtements. On sait, enfin, et c'est sans doute le premier, le plus important de tous les avantages, que, par la production de leur fumier, ils entretiennent constamment le sol en état de fécondité.

Voilà, en résumé, le rôle de nos principaux animaux domestiques.

Voyons maintenant quel est celui des oiseaux.

OISEAUX.

I

Les services que nous rendent journellement
les oiseaux sans que nous nous en apercevions
sont le complément de ceux que nous retirons
des animaux domestiques à l'usage de l'agriculture ; ces services sont bien plus importants
qu'on ne le pense en général, et ils méritent
d'être mieux appréciés.

On connaît tous les ravages que les insectes
exercent de temps à autre sur les récoltes, sur
les arbres et sur les plantes de toute espèce.
Combien de fois n'a-t-on pas vu des champs,
des jardins, des vergers, des forêts entières en-
vahies par ces parasites, et leurs produits complètement détruits ou dévastés ? Heureusement

que ces faits, quoique nombreux, sont isolés, sans quoi nous serions exposés à la plus affreuse disette, à une disette universelle qui ferait périr bêtes et gens. La plus grande partie des insectes qui vivent aux dépens de nos récoltes sont doués d'une effrayante fécondité. Ainsi, on rapporte que dans un seul individu de l'une des espèces qui font tant de ravages parmi les oliviers, un naturaliste a compté 2,800 œufs. L'insecte appelé nonne, qui fait tant de dégâts dans les forêts, se multiplie tellement que lorsqu'on voulut, il y a quelques années, faire ramasser les œufs avant leur éclosion, en un seul jour et en un seul district de la Haute-Silésie, il en fut apporté 117 kilogrammes, représentant 230 à 240 millions d'œufs, qui auraient pu donner naissance à autant d'individus.

II

Presque toutes nos récoltes ont leurs insectes particuliers, qui occasionnent chaque année un déficit souvent énorme. Le blé et les autres céréales sont attaqués dans leurs racines par le ver blanc ou la larve du hanneton ; sur pied, avant la floraison, par la cécidomye ; plus tard, au moment où se forme le grain, par le charançon. La vigne résiste à peine, dans certaines localités, aux ravages de la pyrale. Les dommages causés par cet insecte, de 1828 à 1837, dans une vingtaine de communes du Mâconnais et du Beaujolais furent évalués par l'administration des contributions à 34,080,000 francs, c'est-à-dire à près de trois millions et demi par an. Quelques centaines de mésanges ou autres insectivores auraient plus fait pour détruire ce parasite que les efforts réunis de plusieurs millions de cultivateurs.

Les plantes oléagineuses et les légumineuses, de même que les bois de toute essence, n'ont pas des ennemis moins nombreux que la vigne et les céréales. La nonne, dont nous avons déjà parlé, a fait périr en Allemagne des forêts entières. En 1810, dans un des anciens départements français, les bostriches avaient tellement envahi la forêt de Toimesbuch, qu'on dut abattre tous les arbres et brûler sur place les branches, les racines et les bruyères.

III

Or, le moyen ou le remède le plus efficace d'arrêter ou mieux encore de prévenir ces ravages, c'est la multiplication des oiseaux, qui sont les ouvriers les plus fidèles du cultivateur. Parmi ceux qui rendent le plus de services à l'agriculture, il faut citer tous les oiseaux purement insectivores, dont il existe en France 25 espèces sédentaires : tels sont les grimpereaux, le pivert, l'engoulevent, le coucou, les différentes variétés d'hirondelles, et principalement tous nos oiseaux chanteurs, les fauvettes, mésanges, traquets, rouges-gorges, bergeronnettes, pouilleaux, roitelets, etc..... enfin le rossignol, le mélodieux chantre, ce chantre émérite des bois et de la nuit.

Les oiseaux granivores, c'est-à-dire ceux qui se nourrissent en partie de grains et qu'on voit d'un mauvais œil dans les campagnes, font cependant infiniment plus de bien que de mal, car, s'ils font un peu de dégâts pendant quelques jours, dans les moissons, ils font encore plus de bien pendant tout le reste de l'année, en dévorant les insectes, lorsque les grains ne sont pas mûrs. Ainsi, on a constaté que deux couples de moineaux avaient détruit dans un jour 1,400 hannetons.

Or, le hanneton pond de 70 à 100 œufs ; prenez le nombre le plus faible et calculez combien un seul moineau peut empêcher de naître de vers blancs, qui pendant une ou deux années, vivent aux dépens des racines de nos végétaux les plus précieux. Le charançon du blé produit 70 à 80 œufs, qui sont déposés chacun dans un grain de blé, de sorte qu'un seul charançon détruit la valeur d'un épi. La pyrale dépose sur les feuilles de la vigne de 100 à 300 œufs, d'où sortent autant de chenilles dont chacune fait perdre au moins la valeur d'une grappe.

D'après les observations faites avec soin par certains naturalistes, les oiseaux insectivores détruisent environ 500 insectes par jour. Supposons que pour ces 500 insectes, il y ait seulement un dixième de charançons ou de pyrales, et nous verrons, en faisant ce calcul, combien de grains de blé ou de grappes de raisin ce petit oiseau nous aura sauvés en un jour. D'autres observateurs ont constaté qu'une mésange consomme en une journée plus de 200 chenilles et qu'en 21 jours, durée de la première éducation des petits, une nichée de ces oiseaux en avait consommé quarante-cinq mille !

IV

Voici deux faits qui résument, tout en les mettant en relief, les importants services que nous rendent les oiseaux.

Le grand Frédéric, roi de Prusse, aimait passionnément les fruits, il lui en fallait dans toutes les saisons et à tous les repas. Il avait pour les cerises surtout un goût tout particulier. Or, un jour, il s'aperçut que les moineaux venaient les becqueter. Sa Majesté en fut indignée, et, dans l'excès de sa colère, elle jura et ordonna l'extermination des audacieux parasites. Ses ordres furent fidèlement exécutés, pas un nid n'échappa au massacre. Mais avec les moineaux et les autres oiseaux, disparurent aussi les cerises ; en moins de trois ans, on ne vit plus aucune espèce de fruits : les chenilles et autres insectes avaient envahi le pays et tout dévoré.

Frédéric, désolé, comprit sa faute ; il se hâta de rapporter l'édit de proscription et de prescrire les mesures les plus promptes, les plus efficaces pour la rentrée des pauvres exilés, qui ne s'opéra pas sans beaucoup de difficultés et sans de grands sacrifices pour le gouvernement. Cependant, peu à peu, les oiseaux revinrent ; on les entendit bientôt gazouiller dans les arbres, et le roi revit alors sur chaque console ses assiettes remplies des plus beaux fruits ; les chenilles seules eurent à souffrir de ce revirement, car les oiseaux en firent une destruction complète.

V

Le second fait que je tiens à relater n'est que la confirmation de celui qui précède.

Il y avait un joli petit village tout entouré d'arbres fruitiers, dont les fleurs exhalaient à chaque printemps le parfum le plus agréable, le plus suave. Leurs branches et les haies d'alentour étaient remplies d'oiseaux de toute espèce, qui venaient y chanter et y faire leurs nids. En automne, ces arbres ployaient sous le poids des fruits, mais alors de méchants enfants s'avisèrent de dénicher les petits des oiseaux et ceux-ci se retirèrent peu à peu de ce lieu agréable. Les pauvres villageois n'en entendirent plus chanter un seul dans les belles matinées du printemps, et les vergers qui, naguère, retentissaient des doux concerts de la fauvette et du rossignol, devinrent tristes et silencieux. Les chenilles, que les oiseaux détruisaient autrefois, se multiplièrent rapidement et dévorèrent les feuilles et les fleurs des arbres, qui demeurèrent secs comme au milieu de l'hiver. Les villageois qui, jadis, avaient des fruits délicieux et en abondance, ne voyaient plus ni pommes, ni poires, ni prunes sur aucun arbre du voisinage.

Pourquoi, après de tels exemples, insisterions-nous là-dessus, si important que soit le sujet? Peut-on ne pas voir ainsi maintenant dans les petits oiseaux une preuve vivante de la tendre prévoyance du Créateur?

VI

Quoique moins ostensible, le rôle de ces petits auxiliaires est encore bien plus admirable que celui des animaux domestiques. Qui dirait, en effet, que des êtres aussi faibles défendent nos récoltes et les sauvent d'une destruction complète et certaine, par la défaite d'un ennemi contre lequel la puissance de l'homme viendrait s'anéantir. Comme on vient de le voir, sans eux, céréales, vignes, arbres, toutes les plantes, enfin, deviendraient la proie des insectes, la pâture des vers ; sans eux, une affreuse disette règnerait dans le pays, et nos riches, nos riantes campagnes n'offriraient plus alors qu'un aspect triste et désolé. Arrêtez un instant vos regards sur ce lugubre tableau ; méditez les faits qui passeront sous vos yeux, et vous apprécierez.

Ainsi, les petits oiseaux sont les meilleurs gardiens de nos jardins, de nos champs, de tous nos fruits et de nos bois. C'est au moment où les insectes commencent à exercer leurs ravages, leurs déprédations, que les oiseaux voyageurs apparaissent dans nos contrées. Leur arrivée parmi nous devrait donc être considérée comme un bienfait de la Providence, tandis qu'on les regarde souvent comme le fléau de l'agriculture, à en juger par la guerre incessante et à outrance que l'on fait à ces intéressantes, à ces utiles et innocentes créatures.

PROTECTION DUE AUX ANIMAUX DOMESTIQUES

ET AUX OISEAUX INSECTIVORES.

I

A la vue des utiles, des importants services de tous ces auxiliaires de l'agriculture, notre conduite à leur égard devrait être, ce me semble, toute tracée : travailler par tous les moyens en notre pouvoir à prolonger des existences aussi précieuses. Or, est-ce bien là ce que l'on fait? Hélas! non, si les pauvres bêtes avaient la faculté de parler comme elles ont celle de sentir, que de reproches, que de plaintes, que de réclamations fondées n'auraient-ils pas à nou faire, à nous adresser? — Le bœuf nous dirait qu'un jour étant attelé à une lourde charrue,

trop profondément enfoncée dans le sol, le bou-
vier lui a déchiré ses chairs avec l'aiguillon, l'a
frappé rudement sur le dos, sur les côtes, sur
les cornes, pour triompher, par caprice, d'un
obstacle insurmontable qu'un peu de prudence,
d'intelligence ou de bon vouloir aurait pu faire
éviter ; qu'une autre fois, traînant péniblement
une charrette beaucoup trop chargée, que l'in-
curie ou l'insouciance du guide a laissé em-
bourber, il a dû l'arracher du cloaque au prix
de sa vie et sous un déluge de malédictions
contre lui et contre Dieu ; qu'étant arrivé plus
loin au bas d'une côte scabreuse ou rapide, il
a fallu encore la gravir sous les coups redou-
blés de son brutal conducteur. Il ajouterait
qu'un matin qu'il aurait eu besoin de rester à
l'étable pour se reposer des travaux, des fatigues de la veille, ou se remettre des mauvais
traitements des jours précédents, il a été con-
duit à sa tâche ordinaire, toujours avec la même
brutalité.

Si on interrogeait ensuite l'âne et le cheval,
on verrait que leurs réponses ne témoigne-
raient pas plus de satisfaction. Le chien et le
chat diraient aussi, à leur tour, toutes les vexations injustes dont ils ont été l'objet de la part

de ceux précisément qui leur doivent secours
et protection.

Les reproches qu'auraient à nous adresser
les oiseaux ne seraient ni moins justes, ni moins
bien mérités. Ils demanderaient la cause de la
chasse ou de la guerre incessante qui leur est
faite dans toutes les circonstances de leur vie,
et notre conduite, à leur égard, ne saurait être
guère facilement justifiée. Que de couvées dé-
truites! que de petits ou de familles entières
enlevés à la tendresse de leurs mères!

II

Je ne m'appesanterai pas davantage là-dessus; ce que je dis et dont j'ai été plus d'une fois
témoin, le lecteur le sait et il l'a vu peut-être
plus souvent que moi. Si ces utiles serviteurs
de l'homme avaient l'avantage de pouvoir ex-
primer leurs plaintes et de faire connaître
leurs besoins, ils demanderaient justice de tous
les sévices, des tourments et des abus de toutes sortes dont ils sont constamment victimes,
et qui dénotent une nature perverse chez leurs
auteurs.

Puisque leur condition les condamne ainsi à l'impossibilité et au silence, soyons assez généreux pour réclamer leurs droits et rappeler ici nos devoirs.

Les importants services que nous rendent donc journellement, et de tant de mànières, les animaux domestiques, joints au but que s'est proposé, en nous les donnant, le Créateur de tcutes choses, nous obligent à la plus grande reconnaissance à leur égard. Or, notre gratitude ne peut leur être témoignée autrement que par nos soins et de bons traitements. Ne maltraitez donc pas les pauvres bêtes : la loi d'abord le défend, et notre intérêt, notre devoir, d'accord avec la loi, tout nous commande de les respecter.

III

Ainsi qu'on vient de le voir, la protection due aux animaux intéresse au plus haut degré l'agriculture, mais elle intéresse aussi la morale publique et l'éducation.

D'abord l'agriculture. Quand les animaux

qu'elle emploie sont traités avec douceur et humanité, ils deviennent plus robustes, plus soumis, plus affectueux; ils travaillent beaucoup mieux, donnent des produits plus abondants et rendent des services plus durables. Au contraire, la brutalité, les mauvais traitements, l'insuffisance de nourriture les détériorent, les rendent maladifs, rétifs et vicieux, diminuent la quantité ainsi que la qualité de leurs produits, et abrègent la durée de leur existence.

La morale publique. L'homme qui, du matin au soir, brutalise les animaux domestiques, brutalisera sa femme, ses enfants, et généralement tous ceux qui l'entourent. Sans cesse livré aux emportements de la colère et de l'ivresse, il n'y a pas lieu d'espérer qu'il apporte jamais dans ses rapports avec ses semblables les qualités qui font le bon père de famille, le bon voisin, le bon citoyen.

Elle intéresse, enfin, l'éducation. En effet c'est ordinairement sur les animaux que les enfants commencent à exercer leurs forces. Si ce premières manifestations sont empreintes de bonté et de bienveillance, on peut bien augurer de leur avenir; mais si, au contraire, elles se traduisent en actes de brutalité, on doit craindre qu'après avoir passé leur premier âge à tourmenter les animaux, ils ne passent le reste de leur vie à tourmenter ceux de leurs semblables qui seront placés sous leurs ordres. Les sentiments de bonté et de douceur qu'il était si essentiel de développer dans leur jeune cœur, auront fait place à des instincts de cruauté qui en feront des brutes.

IV

Voulez-vous une preuve à l'appui de mon assertion?

Un jeune enfant, fils d'un honnête et riche fermier, trouvait du plaisir à maltraiter les animaux. Il les frappait et le tourmentait, comme si la douleur n'était pas sentie par eux aussi bien que par les hommes. Il prenait des hannetons, les attachait à un fil et les faisait tourner autour d'un bâton jusqu'à ce qu'ils tombaient abattus et épuisés. Il perçait les grenouilles, battait, frappait rudement son petit chien et les autres animaux de la maison, arrachait les plumes aux oiseaux qu'il prenait dans ses piéges, et les reproches qui lui étaient faits à cet égard par ses parents ou ses voisins n'étaient pas écoutés.

Quand il fut plus avancé en âge, il fit aux plus grands animaux ce qu'il avait déjà fait aux petits. Les bœufs et les vaches qui se trouvaient dans les étables de son père étaient constamment maltraités, tyrannisés; les juments et les chevaux qu'il montait, harcelés. Mais il ne se contentait pas de tourmenter les animaux ; les hommes surtout étaient l'objet de ses vexations et de ses railleries. Malheureusement ce jeune homme était fils unique et son père le traitait avec trop d'indulgence. Bientôt celui-ci mourut, et la ferme dut être dirigée par son fils seul. Mais l'autorité fut exercée par lui d'une manière si dure et si impérieuse qu'il fut abandonné par ses domestiques et fui de tout le monde.

Celui donc qui, dans la jeunesse, s'habitue à faire du mal aux animaux finit par devenir insensible aux souffrances des hommes, qui, à leur tour, le rejettent et le maudissent, usant au besoin des droits que la loi leur accorde.

En reconnaissance des nombreux et importants bienfaits signalés, respectons les animaux; entourons-les de nos soins et de notre protection : nos besoins, notre dignité, l'intérêt privé comme l'intérêt général, tout nous en fait un de nos plus essentiels devoirs sociaux.

Respectons aussi particulièrement les oiseaux, ces messagers célestes, qui, indépendamment du bien qu'ils nous font, nous procurent d'aussi douces jouissances par leurs concerts si diver-fiés. Celui qui attente à leur vie est un pro-fane, indigne des bienfaits qu'il en reçoit, et qui pourrait avoir à se reprocher cette ingratitude.

V

Si les considérations développées dans tout le cours de cet opuscule ne suffisaient pour dé-terminer à marcher dans la sage voie indiquée, je rappellerai ou ferai observer, en terminant, qu'une loi toute d'humanité, la loi du 2 juillet 1850, dite Loi-Grammont, est là pour réprimer les abus de ceux qui, au mépris de nos conseils, persisteraient à marcher dans une voie tout opposée. Voici le texte même de la loi : « Seront punis d'une amende de 5 à 15 francs » et pourront l'être de un à cinq jours de prison » ceux qui auront exercé publiquement et abu-

» sivement de mauvais traitements envers les
» animaux domestiques. La peine de la prison
» sera toujours applicable en cas de récidive.

» L'article 483 du Code pénal sera toujours
» applicable. »

A ce qui précède en faveur des animaux domestiques, il est bon d'ajouter que la loi et les
règlements sur la chasse, beaucoup plus rigou-
reux, portent des peines bien plus sévères encore contre les destructeurs d'oiseaux, de leurs
nids ou de leurs couvées.

Au nom de la justice, de l'humanité et de
l'agriculture, grâce pour les animaux domestiques et les oiseaux insectivores!

Pitié pour eux!!!

ENSEIGNEMENTS DIVERS.

UTILES LEÇONS PRATIQUES.

LES DÉNICHEURS D'OISEAUX.

Dans une école de village, il y avait un élève qui était le plus ardent dénicheur d'oiseaux que l'on puisse voir. Il s'était pris d'une grande passion pour les œufs et il avait une collection contenant les œufs de tous les oiseaux, presque sans exception, que l'on peut trouver dans le pays. Mais il ne se contentait pas de ceux qu'il avait, et il continuait à rechercher les nids, afin de remplacer chaque espèce d'œufs par de plus gros, de sorte que sa collection était toujours à renouveler. Sa passion s'était malheureusement communiquée à un grand nombre de ses camarades, qui, à son exemple, s'étaient fait une collection d'œufs.

Ils faisaient tous ensemble une guerre acharnée aux nids et l'on finit presque par ne plus voir d'oiseaux dans le village et dans les environs.

Bientôt aussi l'on s'aperçut d'une invasion croissante d'insectes : chaque année on les voyait se multiplier avec une rapidité prodigieuse. En même temps, les récoltes diminuaient tous les ans d'une manière effrayante ; le revenu des cultivateurs disparaissait en grande partie : c'était une vraie calamité, d'autant plus que le goût des enfants du village s'était communiqué de proche en proche aux enfants des villages voisins.

L'instituteur, qui travaillait sans cesse à se perfectionner dans l'art d'élever l'enfance, vit le mal et voulut le couper dans sa racine. Il comprit qu'au lieu de défenses et de conseils que les enfants n'écouteraient guère, à cause de la manie qui s'était emparée d'eux, il valait mieux les intéresser eux-mêmes à la conservation des oiseaux. Il chercha en conséquence à leur inspirer le goût bien entendu de l'histoire naturelle. Il les conduisit dans les champs,

ies prés et les bois, épiant avec eux le peu d'oiseaux qui restaient dans le pays, pour en étudier les habitudes et les mœurs.

Aussitôt qu'on en découvrait un, il faisait
tenir sa petite troupe immobile et en silence.
Alors il faisait prêter l'oreille à son chant, et
il apprenait à ses élèves à en saisir les beautés.
Peu à peu, il les exerça à reconnaître tous les
oiseaux, au chant, au plumage ou au vol, et il
leur apprit à en observer les mœurs.

Bientôt, ils surent où chaque espèce se tenait
de préférence, de quoi elle se nourrissait, à
quelle époque du jour elle chantait. C'était à
qui ferait les observations les plus intéressantes et à qui en ferait de plus nombreuses et de
plus variées. Au lieu d'une collection incom-
plète d'œufs, que chaque élève avait voulu se
faire, et qui était devenue la source d'un affreux gaspillage, il leur inspira l'idée de faire
pour l'école une seule collection, en réunis-
sant les plus beaux échantillons de chacune.
La collection se trouva ainsi toute formée, sans
qu'il fût besoin de détruire un seul nid, et elle
mit fin à la rivalité qui avait amené la destruction de tant d'oiseaux.

Le succès fut complet. Au printemps suivant,
il n'y eut plus dans le village un seul déni-

cheur. Peu à peu les bois se repeuplèrent, la campagne résonna de nouveau du chant des oiseaux, et bientôt l'on vit diminuer les insectes qui avaient pullulé d'une manière si funeste aux récoltes.

Au bout de quelques années, les ravages affreux qu'ils causaient dans les années précédentes avaient presque entièrement disparu. Tandis que dans d'autres localités on se plaignait des dégâts qu'ils commettaient partout, dans celle-là, au contraire, on se réjouissait à la vue des abondantes récoltes dont la terre se couvrait chaque année.

LE LANGAGE DES OISEAUX.

Un paysan nommé Jean Georges avait éprouvé des revers de fortune, et, par sa faute, il était presque tombé dans la misère ; il aimait beaucoup à dormir et se disait que tout pousserait bien, qu'il le vît ou non. Il attribuait donc volontiers la cause de sa pauvreté à telle ou telle circonstance, mais jamais à lui-même. Notre homme avait entendu dire que dans un pays voisin vivait une vieille femme, ayant une grande réputation de sagesse et passant pour donner de précieux avis dans les cas difficiles. Il alla donc lui demander conseil. Pendant qu'il lui faisait connaître sa triste position, la vieille le considérait des pieds à la tête : il ne lui fallut pas longtemps pour deviner la vraie cause de son infortune. Ses bas étaient troués, ses souliers n'étaient pas attachés ; il avait mis son gilet à l'envers, sa cravate était roulée comme une corde autour de son cou, enfin, tout son extérieur indiquait clairement l'état de son esprit. Quand il eut fini de parler, la vieille lui dit : « Je connais bien un moyen, mais vous déciderez-vous à l'employer ? » — Jean répondit qu'il consentait à faire l'essai. — Eh bien ! levez-vous une heure avant le soleil, lavez-vous trois fois le visage, faites trois fois le tour de votre ferme et de vos champs, et écoutez ce que vous diront l'alouette, le moineau, l'hirondelle, et généralement tous les oiseaux.

Jean suivit à la lettre le conseil que lui avait donné la bonne femme. Quelques jours après, il retourna chez la vieille. — Eh bien ! que vous ont dit les oiseaux ? lui demanda-t-elle en le

voyant. — J'ai écouté de toutes mes oreilles, ré-
pondit-il en se grattant la tête, mais je n'ai
pu rien comprendre à leur gazouillement : le
plus malin y perdrait son latin. — Ils ne vous
ont rien dit ? — Pas que je sache, reprit-il un
peu déconcerté. — Ils vous ont pourtant parlé,
mais vous n'avez pas voulu comprendre. Ils
ont dit : lève-toi matin, comme nous ; travaille
activement tout le jour et tu seras récompensé
de tes peines. Si les oiseaux ne vous ont pas
dit cela dans votre langue, leur exemple vous
le démontrait du reste suffisamment. Ne les
voyez-vous pas hors du nid de bonne heure, chanter, matin et soir, à leur manière, les louanges
du Créateur et employer la journée à pourvoir
à leur subsistance ? Allons, retournez chez vous,
faites comme eux et apprenez à mieux comprendre le langage des oiseaux. » Jean alla ; il
écouta de nouveau, et finit par comprendre. A
partir de ce moment, il changea de conduite,
il devint aussi actif et soigneux qu'il avait été
paresseux et négligent ; et dès-lors, il n'eut
plus à se plaindre de son sort.

LES RÉSULTATS DU TRAVAIL OU L'AGRICULTEUR INTELLIGENT.

Crésinus, esclave romain, ayant été affranchi, fit l'acquisition d'un champ de moyenne étendue, et, à force de travail et de soins persévérants, le rendit le plus fertile de la contrée. Ce résultat, fruit de son activité, de ses labeurs et de son industrie, au lieu de lui concilier l'estime de ses voisins, excita, au contraire, contre lui une violente jalousie ; le laborieux cultivateur fut accusé de sorcellerie, et en conséquence appelé à comparaître devant les magistrats. Ses ennemis triomphaient à l'avance et le croyaient perdu sans ressources. Au jour indiqué par l'accusation, Crésinus se présenta avec une noble assurance, accompagné de sa femme et de ses enfants, tous robustes et bien portants ; il avait amené avec lui ses bœufs, dont le bon état attestait ses soins assidus ; il avait aussi fait déposer au pied du tribunal sa charrue, ses bêches, ses hoyaux et ses divers

instruments aratoires, tous dans un parfait état
d'entretien et de propreté ; puis, s'adressant à
ses juges : « Voilà, dit-il, les maléfices que
j'emploie pour fertiliser ma terre. » Il n'en dit
pas davantage ; il fut absous d'un accord una-
nime, comblé d'éloges et reconduit en triom-
phe dans sa maison. Les imprudents dénoncia-
teurs ne retirèrent ainsi de leur odieuse accusation que la honte et la confusion.

LE TRAVAIL SOURCE DE PROSPÉRITÉ.

Sous le règne de Louis XIV, un vieux che-
valier de Saint-Louis, nommé Girardot, allait
souvent à Versailles pour solliciter une pension
qui le mît à l'abri du besoin, car, blessé et in-
capable de servir, il se trouvait sans ressource.
Mais ses sollicitations étaient vaines, et il ne
trouvait d'autre consolation à son triste sort
que de se promener dans les jardins du château, où il remarquait avec intérêt les procédés de culture qu'y avait introduits le célèbre
jardinier La Quintinie. Au milieu de tant de

merveilles, une seule le frappa : il vit comment
l'ingénieux horticulteur savait forcer la sève à
se détourner de sa route pour venir gonfler les
fruits du pêcher et leur donner le coloris, le
parfum et les teintes veloutées des plus belles
fleurs. Etonné d'avoir pu si longtemps implo-
rer la justice des hommes, lorsqu'il est si facile
de tout obtenir de la nature, il renonça au mé-
tier de solliciteur et alla s'établir au village de
Montreuil, dont les habitants languissaient
alors dans une profonde misère. Là, renonçant
aux illusions de la fortune, pour s'attacher aux
vrais biens, Girardot plante, greffe, cultive son
arbre favori ; il apprend de l'expérience à étendre le long d'un mur ses rameaux flexibles ; il
s'instruit à panser ses plaies, à rajeunir ses
branches, à lui préparer de doux abris. A l'aide
de ce travail, il acquiert une aisance modeste,
ses succès font naître le désir de suivre son
exemple. Bientôt les pauvres chaumières dis-
paraissent, de riantes maisonnettes s'élèvent de
toutes parts ; et aujourd'hui le triste hameau
est un grand bourg, peuplé de cinq mille âmes,
qui fournit avec profusion au marché de Paris
ces beaux fruits qui ne mûrissaient jadis que
dans les jardins des rois.

MOYEN DE TRIPLER LE RENDEMENT DE LA VIGNE ET DE TOUTES LES RÉCOLTES EN GÉNÉRAL.

Un honnête cultivateur avait deux jeunes filles, qu'il nourrissait et élevait avec le produit de son travail, appliqué à la culture d'une vigne, son unique propriété. Quand il maria l'aînée, il lui donna le tiers de son humble patrimoine et reporta sur la partie restante l'engrais et les travaux distribués jadis à la totalité ; il bêcha deux fois au lieu d'une et fuma davantage : grâce à ce procédé, le revenu resta le même.

Bientôt il maria la seconde fille, et, comme à la première, il lui donna pour dot un tiers de la même vigne. Par suite de cette nouvelle distraction, il ne lui resta que le tiers de son ancienne propriété. Il concentra sur cette fraction les soins de culture et la fumure qu'il attribuait autrefois à l'unité entière : au lieu d'une façon il en donna deux, il en donna trois, sans jamais diminuer la quantité d'engrais primitivement employée, et, par cette manière d'agir, il récolta toujours la même quantité de vin, ou plutôt il en récolta davantage. Le rendement fut donc ainsi plus que triplé.

Voilà un bien utile enseignement : à chacun maintenant le soin de tirer la conclusion de ce qui précède.

A la vue d'un exemple aussi clair, aussi décisif, et d'une application aussi simple, aussi générale, c'est en vain que l'on persisterait à objecter que, pour faire la culture intensive, il faut un capital important, que tout le monde ne possède pas. Tout le monde, il est vrai, ne peut pas proportionner son capital à l'importance ou plutôt à l'étendue de son exploitation, mais rien n'empêche le propriétaire ou le cultivateur de proportionner l'exploitation à l'importance de son capital, quel qu'il soit, puisque, comme on vient de le voir, le revenu général tend plutôt à augmenter qu'à diminuer, à cause de l'amélioration continuelle et graduelle du sol, qui, dans le système opposé, dépérit avec ses produits.

Ainsi, ou l'on doit nier les résultats positifs déjà plusieurs fois signalés, ou renoncer à la marche généralement suivie pour l'exploitation des mauvaises terres ou des terres de moyenne valeur, que nous avons ici principalement en vue. Or, la négation des résultats dont il s'agit serait une erreur manifeste, et l'obstination à persévérer dans une voie aussi défectueuse, aussi dangereuse, une véritable folie. Cela ne serait pas de l'aveuglement : ce serait uniquement vouloir fermer les yeux pour ne point voir la lumière. — Il y a là pour la propriété une question de vie ou de mort.

SUCCÈS D'UN JEUNE CULTIVATEUR.

Le jeune Bertrand s'était adonné dès son enfance aux travaux des champs.

Elevé sévèrement par ses parents, et de bonne heure habitué au travail, il se fit constamment remarquer dans la ferme où il était employé par son ardeur au travail, par son exactitude à remplir tous ses devoirs, par le soin qu'il prenait des bestiaux et par la manière dont il conservait tous les instruments de labour. Aussi, ses gages allèrent-ils rapidement en croissant ; mais, au lieu de les dépenser sottement comme tant d'autres jeunes gens, il les ménageait scrupuleusement, les plaçant avec soin, et n'en dépensant que ce qui était absolument nécessaire pour ses besoins les plus indispensables. Jamais on ne le voyait au cabaret ; au contraire, il employait à lire ou à étudier quelques livres, surtout des ouvrages d'agriculture, les longues soirées d'hiver et une bonne partie des journées des dimanches que ses camarades passaient follement.

Il s'amassa ainsi un petit pécule qui, grâce à la confiance qu'il s'était acquise, lui permit de prendre à son compte une petite ferme à un âge où tant d'autres ne sont encore que des journaliers.

Dans cette nouvelle position, il continua sa vie sobre et frugale, ne dépensant jamais plus de quinze sous pour sa nourriture jusqu'au moment de son mariage. Jamais, du reste, on ne le vit fréquenter les foires et les marchés ; il n'y allait que lorsque ses affaires l'exigeaient impérieusement, et encore, dans ces circonstances, il était tellement actif, il se levait et partait de si bonne heure, qu'il les avait le plus souvent terminées lorsque d'autres n'avaient pas commencé les leurs. Aussi, bien souvent on le voyait déjà revenir de la ville, tandis que beaucoup d'autres s'y rendaient. Du reste, on ne le vit jamais s'y arrêter pour terminer une affaire au café ou au cabaret ; il disait qu'on n'y fait que perdre son temps et son argent.

Ses excellentes qualités lui permirent de faire un bon mariage, qui le mit en position de prendre une ferme plus importante. Il l'administra si bien en mettant ses études à profit, que bientôt il put acquérir un domaine.

En y appliquant les mêmes procédés, il augmenta son avoir de manière à étendre graduellement sa propriété. Enfin, mettant à profit une partie de ses gains pour se livrer à quelques opérations commerciales ou industrielles, qui se liaient à sa profession, il est parvenu à avoir une fortune de vingt mille livres de rente, honorablement acquise, à force de travail et d'activité, et dont il jouit paisiblement tout en soulageant les pauvres, après avoir très bien établi ses enfants, à qui il a eu le soin de faire donner une excellente éducation.

SUCCÈS D'UN JEUNE HOMME QUI SE LIVRE A L'INDUSTRIE.

Luc, c'était son nom, était un pauvre enfant d'une nature chétive qui, à treize ans, se trouva orphelin et sans fortune.

Trop faible pour travailler de ses bras, il dut se placer comme pâtre et on lui confia la garde d'un petit troupeau. En gardant ses brebis, il parvint, grâce à quelques livres qu'on lui prêtait, à compléter l'instruction qu'il avait reçue à l'école. La lecture développa son intelligence et lui ouvrit l'esprit; il apprit ainsi qu'il y a pour tous les hommes de bonne volonté des ressources qu'il faut seulement savoir mettre à profit avec la grâce de Dieu, qui ne fait jamais défaut quand nous la demandons comme il faut. L'idée lui vint, dès-lors, de tirer parti d'une foule de choses qu'on laisse perdre dans les campagnes, parce qu'on les croit sans valeur, ou de trop peu d'importance.

Il commença d'abord par recueillir avec soin tout le fumier qu'il trouvait sur les routes en

conduisant ses moutons aux champs. Puis, il
se mit à ramasser, en traversant les rues du village, tout ce qui se trouvait sous ses pas, les
morceaux de papier, les vieux chiffons, les
clous, la vieille ferraille, les os, les crins, les
cheveux, le poil, la bourre, les plumes, les morceaux de verre qu'on jette si imprudemment
sur la voie publique, au risque de blesser les
gens et les bestiaux. Il triait le tout avec soin
et en faisait des tas séparés pour vendre chaque
chose, quand il y en avait une quantité suffi-
sante, à ceux qu'il savait pouvoir les utiliser.
Il ramassait même les débris de briques, de car-
reaux, ainsi que les vieux tessons, et il les pi-
lait pour en faire du ciment. Je n'ai pas besoin
d'ajouter que les faibles sommes qu'il se pro-
curait ainsi étaient soigneusement mises de
côté.

Quelque faibles qu'elles fussent, en s'accu-
mulant elles finirent par lui constituer une
centaine de francs, avec lesquels il acheta une
manne et quelques petites marchandises, qu'il
obtint la permission d'étaler sous un abri, au
coin d'une maison de la ville voisine. Il s'attira
bientôt des pratiques par sa complaisance et
par sa probité, et put, au bout de quelques
temps, louer une petite échoppe, où il s'em-

pressa d'installer une sœur moins âgée que lui
d'un an, et qui, jusque-là, avait été forcée de
se mettre en service. L'échoppe, grâce à l'aug-
mentation de sa clientèle, se transforma peu à
peu en une belle boutique, et enfin, après avoir
établi sa sœur et s'être marié lui-même à une
femme qu'il avait choisie pour ses excellentes
qualités, Luc se trouva, à l'âge de cinquante-
cinq ans, à la tête d'un des premiers magasins
de la ville.

EFFETS DE L'IGNORANCE.

I

L'ignorance est, par elle-même, une source
habituelle et féconde d'erreurs ; elle égare
l'homme en le dégradant, et peut avoir en mille
circonstances les suites les plus funestes, soit
pour l'individu, soit pour la société entière.

Voyez ces populations égarées menaçant la
vie d'honnêtes citoyens qui, se dévouant pour
le salut de tous, s'opposent courageusement à
leurs fureurs insensées.

Voyez ces ouvriers, cédant à des propos per-
fides et entraînants, s'attrouper et se porter à
la destruction des machines et des métiers,
dans l'espoir de conquérir des moyens de travail
par des violences qui attentent à la propriété et
à la liberté de l'industrie, et ne comprenant pas
que ces appareils augmentent plus le travail
par l'accroissement de la consommation, qu'ils
n'en suppriment par la facilité de la fabrication.

Voyez cette foule aveuglée qui, dans les mo-
ments de disette, se précipite sur la place publique, pour faire violence au marchand,
croyant conjurer les besoins pressants de la fa-
mine qui règne, et ne voyant pas que la liberté
et la sécurité du commerce sont les seules sour-
ces de l'aisance et du bien-être. Voyez ce con-
cours nombreux de citoyens rassemblés à la
voix d'un charlatan, l'écoutant avec une cré-
dule avidité, et recevant de lui avec confiance
des drogues malfaisantes, aux dépens de la
bourse et de la santé.

Partout et en tout temps, l'ignorance est
dupe des apparences, et, cédant à tous les mauvais entraînements, elle ne se défie que de l'expérience et de la raison.

II

L'ignorance est tour à tour défiante et présomptueuse ; elle accueille tous les faux bruits ; elle repousse les conseils, elle proscrit les améliorations, elle se prévient contre les lumières. Dans l'ignorance, vous reconnaîtrez les causes de la plupart de ces préjugés vulgaires, aussi répandus qu'obstinés, dont les effets sont si funestes et si déplorables. Celui qui ne connaît pas les causes réelles des événements adopte, pour les expliquer, les premières suppositions arbitraires qui lui sont présentées, et repousse ensuite la lumière, parce qu'il croit savoir. La superstition est-elle autre chose que l'ignorance des vrais rapports qui existent entre l'homme et son créateur? Cette routine qui se traîne dans les pratiques les plus vicieuses, cette imitation servile qui copie les exemples les plus erronnés, ne sont-elles pas les fruits d'une ignorance qui accepte tous les guides, dans l'impuissance où elle est de se diriger elle-même?

IL N'Y A PAS DE PETITES NÉGLIGENCES.

Beaucoup de personnes ont entendu citer plus
d'une fois ce proverbe : Faute d'un clou, le ca-
valier perd son cheval ; mais peut-être y en
a-t-il qui n'en ont pas tiré la leçon qui en dé-
coule ; peut-être même que toutes ne la com-
prennent pas très bien.

Voici quelques faits qui mettront sur la voie.

I

Un jour de marché, Jean-Louis était allé à
la ville voisine pour toucher une somme qui
lui était due, et qui devait servir en grande
partie à payer le loyer de sa ferme. Après avoir
reçu son argent, fait quelques emplettes et terminé différentes affaires, au lieu de repartir
pour retourner chez lui, il entra au cabaret
avec quelques amis. Jean-Louis était bavard et
flâneur. Aussi, tandis qu'il causait, ne s'aper-
çut-il pas que le temps passait et qu'il com-
mençait à se faire tard. Reconnaissant, enfin,

que l'heure du départ était arrivée depuis longtemps, il se hâta de se rendre à son auberge
pour y prendre la belle jument sur laquelle il
était venu. Au moment de partir, il vit qu'il
manquait un clou à l'un des fers de Cocotte : la
prudence lui conseillait de le faire mettre immédiatement ; mais il se faisait déjà tard, la
route était longue, il avait un bois à traverser,
et, avec l'argent qu'il portait, il ne voulait pas
s'y trouver à la nuit.

— Bah ! dit-il, je n'ai pas de temps à perdre ;
d'ailleurs, faute d'un clou, ma bête ne me lais-
sera pas en route ; et il partit.

A une lieue de la ville, Jean-Louis vit que sa
jument avait perdu le fer auquel il manquait
un clou. « Peste ! s'écria-t-il, voilà qui est
fâcheux, et j'ai bien envie d'entrer à la forge
voisine pour faire mettre un fer à Cocotte. Mais,
bah ! je perdrais trop de temps, d'ailleurs elle
peut bien marcher jusque chez nous avec trois
fers seulement. » Et il se remit à trotter de plus
belle.

Plus loin, une longue épine entra dans le
pied de la pauvre jument et la fit horriblement
boîter. — « Ah ! que faire, dit Jean-Louis.
Heureusement, il y a ici près un vétérinaire où
je pourrai conduire ma bête pour la faire soi-

gner; mais, dit-il après un moment d'hésitation, j'ai tant fait qu'il n'y a plus que patience à prendre; nous voici d'ailleurs au bois, et ce n'est pas le moment de nous arrêter. Cocotte peut bien me conduire encore pendant une lieue, maintenant que je lui ai ôté la maudite épine. Il fait grand chaud, mon argent est très lourd et je ne me sens pas disposé à marcher, puisque je puis faire autrement. »

Tout en parlant ainsi, notre homme faisait marcher du mieux qu'il pouvait la pauvre boîteuse qui buttait à chaque pas, et qui, dans un soubresaut inattendu, le jeta sur un tas de cailloux, où il se blessa grièvement à la tête. Il était à peine remis de l'étourdissement causé par sa chute, lorsqu'il fut saisi par trois individus qui se jetèrent subitement sur lui ; c'étaient des voleurs qui, ayant connaissance de l'argent qu'il avait reçu et sachant la route qu'il devait suivre, avaient pris un chemin détourné, et avaient pu arriver avant lui dans le bois, grâce au mauvais état de sa monture. Ils le dépouillèrent de son argent, et, après l'avoir garrotté pour l'empêcher de s'échapper, le laissèrent plus mort que vif, et s'enfoncèrent précipitamment dans le bois.

Je ne sais combien de temps Jean-Louis serait resté dans cet état, si des gens du village qui rentraient chez eux ne l'avaient trouvé sur la route. Après avoir entendu son aventure, ils le délièrent, le hissèrent sur leur charrette, et, attachant Cocotte derrière la voiture, le ramenèrent chez lui. Chemin faisant, Jean-Louis, qui souffrait beaucoup, faisait de tristes réflexions sur sa mésaventure, pensant à son argent, qu'il avait perdu, et qu'il ne savait comment remplacer pour payer sa ferme, commençant à craindre que sa pauvre jument ne fût perdue pour toujours et ne sachant même pas quelles pourraient être les suites de sa blessure. Aussi, désolé des malheurs qui venaient de lui arriver coup sur coup, il se disait à lui-même :

« Ma bonne mère avait bien raison quand elle me répétait toujours qu'il n'y a pas de petite négligence. Si j'avais remis tout de suite ce clou qui lui manquait, Cocotte n'aurait pas perdu son fer ; si je lui eusse fait remettre son fer aussitôt que je me suis aperçu qu'elle était déferrée, ma jument ne se serait pas blessée ; si je l'avais fait poser à temps, elle ne m'aurait pas occasionné cette chute qui a failli me tuer moi-même ; enfin, sans cette chute, je ne serais pas tombé entre les mains des voleurs qui m'ont dépouillé de mon argent. Voilà un

clou qui me coûte cher ; mais c'est une leçon
qui me profitera à l'avenir. » Et Jean-Louis tint
parole cette fois, car il avait reçu bien d'autres
leçons dont il n'avait tenu jusque-là aucun
compte.

II

Après une pluie d'orago qui avait été précé-
dée d'un vent violent, un vieux garçon qui vivait seul dans sa maison avec un domestique
s'aperçut que la tempête avait dérangé quelques tuiles à l'angle d'un pignon, et que l'eau
s'était introduite par là.

« Il faudra que je fasse réparer cela, » dit-il.
Mais, comme le mal paraissait peu grave, il n
se pressa pas. Survint une lettre qui l'appel
loin de chez lui pour une affaire inattendue. I
partit sans avoir fait réparer sa toiture. Pendant son absence, qui se prolongea beaucoup
plus qu'il n'avait pensé, la saison fut très mau-
vaise ; des pluies presque continuelles dégra-
dèrent de plus en plus la toiture et inondèrent
la maison ; il se fit des infiltrations partout, le
mur se lézarda et finit par crouler. On écrivit
immédiatement au propriétaire, qui se vit con-

traint de revenir à la hâte et avant d'avoir terminé son affaire, que son absence même fit
échouer complètement plus tard.

III

« Voici un trou qu'il faudra que je fasse bou-
cher, » dit un jour le gros Guillaume, cultivateur du même village, en voyant un trou sur le
chemin par'où sa charrette passait sans cesse ;
mais Guillaume était indolent, le trou était peu
de chose, il ne paraissait pas qu'il y eût urgence
et il ne se hâta pas d'y porter des matériaux.
Dans l'intervalle le mauvais temps vint, on ne
pensa plus à faire le charroi, et les chemins se
défoncèrent de plus en plus.

A quelque temps de là, Guillaume eut à
transporter du blé au marché ; en arrivant à
l'endroit où il avait vu le trou avant l'hiver, la
charrette tomba brusquement dans une ornière.
La secousse fut si violente que l'essieu se cassa ;
la voiture fut jetée sur le côté et complètement
brisée, le cheval qui était aux brancards tué
sur le coup, et plusieurs sacs s'étant déliés dans
la secousse, le blé répandu au milieu de la boue,
sur la route.

IV

Son voisin Bernard paya lui-même un jour très cher une bien petite négligence. Un soir d'été, il ne trouva plus la cheville qui fermait la porte de l'écurie. « Bah! dit-il, ça ira bien comme ça pour cette nuit; demain je ferai une autre cheville, » et il se retira en se contentant de pousser la porte. Dans la nuit, le vent la fit ouvrir, et le cheval, qui sentait l'odeur des foins dans la prairie, fit un effort et cassa sa longe. Au matin, un voisin qui était depuis longtemps l'ennemi de Bernard, et qui ne cherchait que l'occasion de le prendre en faute, trouva le cheval qui se prélassait au milieu de son champ. Aussitôt procès-verbal, citation en justice, enfin procès, que l'acharnement des deux parties fit traîner en longueur et qui, compliqué d'une foule d'incidents, se termina par la ruine de Bernard, qui en vint au point d'être obligé de vendre sa maison pour payer les frais du procès. — Et pourquoi tout cela? Pour le temps qu'il aurait fallu pour faire une cheville.

DEVOIRS SOCIAUX.

RESPECT ET OBÉISSANCE DUS AU SOUVERAIN.

La société est une grande famille dont le Souverain est le père. Comme on doit respect et obéissance au père, qui est le chef de la famille, de même on doit obéir au Souverain, qui est le chef de l'Etat. Ce n'est pas seulement un acte de sagesse commandé par la nécessité de l'ordre et de la paix dans la société, c'est avant tout une obligation de conscience imposée par la religion.

L'obéissance est donc une loi sociale devant laquelle tout homme doit nécessairement s'incliner. Ecoutons ce que nous dit à ce sujet, dans le langage le plus saisissant, le révérend père Félix.

« J'ai regardé à tous les degrés de l'échelle so-

ciale, dit-il, j'ai cherché un homme qui n'obéît
pas, je n'en ai pas trouvé. En bas, j'ai vu la
multitude qui obéit, et qui, quoi que l'on fasse,
ne pourra jamais qu'obéir ; la multitude, qui,
alors qu'elle n'obéit plus, ressemble à une mer
en furie, menaçant de dévorer la terre. Plus
haut que les masses populaires, j'ai vu le capi-
taine qui obéit, le magistrat qui obéit, le fonc-
tionnaire qui obéit ; j'ai vu tous ceux que dans
la société on appelle des chefs, des supérieurs,
obéir encore plus qu'ils ne commandent. Oui,
tous ces hommes placés sur les hauteurs d'où
ils dominent les autres, et qui ne semblent respirer dans ces régions sublimes que l'air libre
de l'indépendance, tous, je les ai vus soumis
eux-mêmes à des ordres qui les enchaînent et
à des servitudes qui les tiennent captifs, plus
enchaînés et plus captifs que ce peuple qui leur
obéit et fait leur volonté..... J'ai vu partout,
dans la société, de degré en degré, des hommes
obéissant à des hommes , oui, partout, dans ce
mécanisme vivant qui fait l'ordre et l'harmonie
sociale, de bas en haut, et d'une extrémité à
l'autre, j'ai vu l'obéissance répondant à l'o-
béissance, à peu près comme dans ces chefs-
d'œuvre de l'industrie moderne, chaque rouage
obéit dans son action à un autre rouage et ne

trouve la liberté de son jeu que dans la perfection de sa dépendance. J'ai vu, enfin, l'humanité comme une hiérarchie de soumissions et comme un accord de volontés, où tout homme est appelé à obéir aujourd'hui, à obéir demain, à obéir toujours; et, devant ce spectacle si plein d'enseignements et d'illuminations, je me suis écrié : L'obéissance est la loi de la vie, et, parce qu'elle est la loi de la vie, elle est et sera à jamais la loi de l'éducation ! »

RESPECT DU AUX MINISTRES DE LA RELIGION.

Si le devoir nous ordonne de respecter non-seulement les princes de la terre, mais encore ceux qui les représentent, nous devons par la même raison honorer les ministres du Roi des rois et respecter leur caractère auguste.

Les vrais chrétiens se sont toujours fait une gloire et un mérite d'honorer en toutes circonstances les ministres de la religion. Parmi les milliers d'exemples que nous pourrions citer, nous aimons à distinguer le suivant, remarquable par la générosité chevaleresque de celui qui en fut le héros.

Rodolphe de Hasbourg, qui fut depuis empereur d'Allemagne, était encore jeune un jour que, monté sur un simple coursier, il allait dans une forêt pour y chasser. Comme il passait dans une prairie, il entendit le son d'une clochette; c'était un prêtre en cheveux blancs qui portait le saint Sacrement à un mourant. Le prince se découvre avec respect, à travers la prairie coulait un torrent, grossi par les pluies, qui arrêtait les pas des voyageurs. Le prêtre s'empressait d'ôter sa chaussure pour traverser les eaux larges et froides du torrent. « Que faites-vous, mon père? s'écria Rodolphe en le regardant. — Le pont sur lequel on passe le ruisseau, vient d'être emporté, répond le prêtre; je vais traverser le courant pieds nus. » Rodolphe ne voulut pas souffrir que le vénérable ecclésiastique s'exposât ainsi; il le fit monter sur son cheval, et, lui mettant la bride entre les mains, il lui dit : « Allez, mon père, ce cheval est à vous; je ne serai plus digne de le monter, quand il aura ainsi porté mon Dieu. » Puis, le jeune prince retourna à son château, heureux d'avoir renoncé au plaisir de la chasse pour témoigner de sa piété envers Dieu et de son respect pour ses ministres.

LE LUXE.

Le luxe suppose en nous le désir de surpas-
ser nos semblables, de nous élever au-dessus
d'eux ; souvent même de les humilier par notre
éclat, de les effacer, d'écraser leur amour-pro-
pre. Ce travers est la source de mille injusti-
ces positives et directes ; il isole surtout l'homme ; il brise les nœuds de la charité, parce
que, étendant sans mesure ses désirs et ses besoins, il s'occupe sans cesse de lui et se concen-
tre en lui-même. Celui qui possède songe trop
à ses plaisirs, à ses jouissances, pour penser
au malheur d'autrui ; il trouve qu'il n'a jamais
trop ; que dis-je, a-t-il jamais assez ? Le luxe
détruit cette sécurité sur l'avenir si nécessaire
au repos de l'esprit. Entraînés dans un train
de vie qui n'est pas d'accord avec nos moyens,
nous en avons, malgré nous, le sentiment se-

crct ; c'est une épine qui s'enfonce et nous blesse toujours davantage. L'année présente, loin de préparer des ressources à celle qui va suivre, anticipe sur ses ressources, peut-être même les dévore d'avance. La perte de l'indépendance est une suite nécessaire de cette situation embarrassée. Heureuse indépendance, si chère à une âme noble ! Celui qui la possède ne craint point la rencontre de ses semblables ; il ne baisse point le front devant eux ; il conserve toute la dignité de sa nature ; mais l'imprudent dont le luxe a dérangé les affaires donne droit de l'humilier à l'artisan, au journalier, au domestique dont il retient le salaire.

FIN.

TABLE.